Boredi Silas Chidi
Nqabakazi Zovuyo Notshokovu

L'effet de la température de stockage du raisin sur les acides organiques des vins MCC

Boredi Silas Chidi
Nqabakazi Zovuyo Notshokovu

L'effet de la température de stockage du raisin sur les acides organiques des vins MCC

ScienciaScripts

Imprint

Any brand names and product names mentioned in this book are subject to trademark, brand or patent protection and are trademarks or registered trademarks of their respective holders. The use of brand names, product names, common names, trade names, product descriptions etc. even without a particular marking in this work is in no way to be construed to mean that such names may be regarded as unrestricted in respect of trademark and brand protection legislation and could thus be used by anyone.

Cover image: www.ingimage.com

This book is a translation from the original published under ISBN 978-613-9-89979-1.

Publisher:
Sciencia Scripts
is a trademark of
Dodo Books Indian Ocean Ltd. and OmniScriptum S.R.L publishing group

120 High Road, East Finchley, London, N2 9ED, United Kingdom
Str. Armeneasca 28/1, office 1, Chisinau MD-2012, Republic of Moldova, Europe
Printed at: see last page
ISBN: 978-620-5-62820-1

TABLE DES MATIÈRES

Glossaire/Clarification des termes

Tableau 1 : Acronymes et descriptions.

Abbreviations	Description
MCC	Méthode Cap Classique
TA	Titratable acid
MLF	Malolactic fermentation
VA	Volatile acidity
CH	Chardonnay
PN	Pinot Noir
PCA	Principal component analysis
RCH- (0,10,25 and 30)-BW (1,2 and 3)	Robertson Chardonnay-0, 10, 25 and 30°C-Base wine repeat (1,2 and 3)
RPN- (0,10,25 and 30)-BW (1,2 and 3)	Robertson Pinot noir-0, 10, 25 and 30°C-Base wine repeat (1,2 and 3)
ECH- (0,10,25 and 30)-BW (1,2 and 3)	Elgin Chardonnay-0, 10, 25 and 30°C-Base wine repeat (1,2 and 3)
EPN-(0,10,25 and 30)-BW(1,2 and 3)	Elgin Pinot noir-0, 10, 25 and 30°C-Base wine repeat (1,2 and 3)

Résumé

Le maintien et le contrôle des niveaux d'acides organiques dans la Méthode Cap Classique (MCC) est un défi majeur pour l'industrie vinicole. Dans cette étude, nous avons étudié l'effet de la température de stockage du raisin sur les profils d'acides organiques de Cap Classique en utilisant le pressage de grappes entières. Bien que l'acidité totale d'un vin soit de première importance sensorielle, les acides individuels jouent un rôle significatif dans la définition des caractéristiques organoleptiques des vins. De plus, l'acidité totale est le résultat de la somme de tous les acides organiques individuels qui sont présents dans le vin. Cependant, chacun de ces acides a ses propres attributs sensoriels, avec des descripteurs allant de frais à aigre à métallique. Il est donc important de considérer non seulement l'acidité totale, mais aussi la contribution de chaque acide individuel au profil acide global du vin. L'objectif principal de cette étude était de se concentrer sur l'influence de la température de stockage du raisin sur la consommation/production de trois acides dérivés du raisin (acide tartrique, malique et citrique) et de l'acide pyruvique qui est produit pendant le processus de fermentation. En outre, tous ces acides contribuent de manière importante à l'acidité perçue et mesurable, au caractère et à la qualité du vin fini, et peuvent également influencer la stabilité microbiologique des vins. Les raisins de Chardonnay et de Pinor noit proviennent des fermes Robertson et Elgin pour lesquelles les profils d'acides organiques ont été suivis à différentes étapes de la fabrication du MCC (c'est-à-dire l'étape du jus, l'étape du vin de base, l'étape de l'assemblage (ratio 50:50) et l'étape du posttirage. Les données ont clairement montré l'influence de la température de stockage du raisin sur les paramètres œnologiques tels que le VA final, le TA, le pH et les niveaux d'alcool des vins. En outre, les données ont également mis en évidence l'importance de la température de stockage sur la consommation et / ou la production d'acides organiques des vins produits par 2 exploitations viticoles différentes. À notre connaissance, il s'agit de la première étude qui a examiné de manière holistique l'impact de la température de stockage du raisin sur les profils d'acides organiques des vins MCC produits par 2 producteurs climatiquement différents.

Chapitre 1

1. Introduction

La Méthode Cap Classique est un vin mousseux produit selon le style traditionnel du champagne en Afrique du Sud. Il est produit selon les quatre principales méthodes de base de la production de vins mousseux, avec juste de petites différences dans les caractéristiques comme le goût et l'arôme. Auparavant, l'industrie viticole sud-africaine a connu un fort déclin, mais à la fin du XXe siècle, le marché du vin/MCC s'est amélioré. Pour cette raison, les chercheurs se sont concentrés sur l'amélioration de la qualité du vin et du Cap Classique afin de répondre aux exigences des consommateurs. En outre, les pratiques viticoles et de vinification, ainsi que le cultivar, le terroir, le climat et le millésime ont un impact sur la qualité des vins mousseux.

À ce jour, peu d'études ont été réalisées sur l'évaluation du vin mousseux à travers les différentes étapes de vinification (Martinez-Lapuente *et al.*, 2013 ; Torresi *et al.*, 2011) et aucune sur l'impact de la température de stockage du raisin avant le foulage. Au fil des années, des progrès importants ont été réalisés dans la compréhension de la biochimie, de l'écologie, de la physiologie et de la biologie moléculaire des différentes souches de levures impliquées dans la production du vin et de la façon dont des facteurs tels que la température de fermentation, le pH initial, les niveaux de sucre du moût et l'azote affectent la chimie du vin et ses propriétés sensorielles.

Cependant, de nombreux aspects importants de l'impact des facteurs environnementaux à Cap Classiques restent peu compris.

L'un de ces domaines où les connaissances sont limitées est la contribution des régions climatiques et de la température de stockage du raisin au profil d'acide organique total du vin. La qualité du vin est directement liée à ce que les dégustateurs appellent fréquemment l'équilibre sucre-acide. L'acidité totale d'un vin est donc d'une importance sensorielle primordiale, et les ajustements de l'acidité sont une pratique fréquente et légale dans de nombreux établissements vinicoles (Tita *et al.*, 2006). Cependant, l'acidité totale est le résultat de la somme de tous les acides organiques individuels qui sont présents dans le vin. Il est important de noter que chacun de ces acides possède ses propres attributs sensoriels, avec des descripteurs allant de frais à acide à métallique. Il est donc important de comprendre non seulement l'influence des facteurs environnementaux sur l'acidité totale, mais aussi la contribution de chaque acide individuel au profil acide global du vin.

Chapitre 2

2. Revue de la littérature

2.1 Vins mousseux

Le vin mousseux est principalement produit à partir des cultivars Chardonnay, Pinot noir et Pinot meunier. Il existe trois grandes classifications des méthodes de production de vins mousseux : La méthode champenoise, la méthode Charmat et la fortification, cette dernière n'étant pas considérée comme un vin mousseux classique car les bulles du vin final sont introduites artificiellement par l'injection de dioxyde de carbone dans le vin. Les spécificités du protocole de vinification diffèrent mais les principales étapes restent les mêmes pour la Champenoise et le Charmat. La méthode champenoise est utilisée dans de nombreux pays (avec des variations données). Elle est appelée méthode traditionnelle et méthode classique dans les régions françaises autres que la Champagne, metodo classico en Italie et méthode Cap Classique en Afrique du Sud. Récemment, les méthodes de production des vins mousseux ont été optimisées pour répondre aux exigences des consommateurs. Cependant, il existe peu d'informations sur la façon dont les facteurs environnementaux affectent sa qualité.

2.2   Acidité et acides organiques dans le vin

À mesure que les raisins mûrissent, leur concentration en sucre augmente tandis que l'acidité diminue. Par conséquent, les régions viticoles plus fraîches présentent généralement des niveaux de sucre plus faibles et des niveaux d'acidité plus élevés, ce qui est attribué à une maturation plus lente du raisin par rapport aux raisins provenant de régions au climat plus chaud (Darias-Martin *et al.*, 2000). L'acidité et le niveau des acides individuels dans le vin sont des éléments cruciaux ayant un impact sur la qualité du vin. L'impact sensoriel des acides a été assez bien documenté, avec un goût aigre et tranchant associé à une acidité trop élevée, tandis que les vins à faible acidité peuvent être perçus comme plats et ont généralement un profil de goût moins bien défini (Mato *et al.*, 2005). Le suivi de certains acides pendant la fermentation permet aux vinificateurs de surveiller efficacement les aspects de la fermentation alcoolique et malolactique ainsi que le vieillissement du vin (Bisson *et al.*, 2015). Les acides tartrique, malique et citrique sont les principaux acides organiques qui dominent dans le raisin, tandis que d'autres acides organiques tels que l'acide succinique, acétique et pyruvique sont produits au cours du processus de fermentation (Volschenk *et al.*, 2006). Tous ces acides contribuent de manière importante à l'acidité perçue et mesurable, au caractère et à la qualité du vin fini, et influencent la stabilité microbiologique (Lambrechts et

Pretorius, 2000 ; Shiraishi *et al.*, 2010). Du point de vue du contrôle de la qualité, des acides comme l'acide malique sont souvent contrôlés pour mesurer la progression de la fermentation malolactique, tandis que l'acide acétique est contrôlé pour évaluer l'altération (Mato *et al.*, 2005).

Bien que les acides organiques dérivés du raisin contribuent à la plus grande proportion d'acidité titrable dans les vins (Defilippi *et al.*, 2009), il a été démontré que les acides dérivés de la fermentation tels que les acides succinique, acétique, pyruvique et lactique contribuent également au goût (frais, acidulé, acide, piquant), à la composition et à la stabilité des vins (Tita *et al.*, 2006). Les trois premiers acides sont principalement produits par la levure via (i) le cycle de l'acide tricarboxylique qui est directement impliqué dans la formation de la plupart des acides carboxyliques intermédiaires, y compris l'acide succinique (Fernie *et al.*, 2004), (ii) la voie glycolytique impliquant la conversion du glucose en pyruvate et (iii) la voie du glyoxylate qui est essentielle à la croissance sur des composés à deux carbones tels que l'éthanol et l'acétate, et qui joue un rôle anaplérotique dans la fourniture de précurseurs pour la biosynthèse (Kornberg et Madsen., 1958). Il existe peu d'informations sur la manière dont les conditions de fabrication du vin et les conditions environnementales affectent le métabolisme et les concentrations des acides dérivés du raisin et de la levure.

2.3 Facteurs affectant la production d'acide

Malgré l'importance de l'équilibre acide pour la qualité du vin, la production et la consommation d'acides organiques par les levures ont reçu moins d'attention que le métabolisme secondaire lié à la production de composés aromatiques. La plupart des études sur les acides dans le vin se sont concentrées sur l'acidité totale par opposition à l'équilibre des acides organiques spécifiques. Par exemple, l'acide acétique a été mis en évidence dans de nombreuses études car il s'agit du principal acide associé à des problèmes d'altération et d'acidité à des concentrations élevées. En outre, plusieurs études se sont penchées sur l'impact de paramètres individuels liés au vin sur la concentration en acides organiques. Dans ces études mono-factorielles, les impacts de paramètres tels que la température de fermentation, l'azote initial du moût, les concentrations initiales en sucre, le pH du moût et le niveau d'aération ont été considérés (de Orduna *et al.*, 2010).

Plusieurs facteurs qui influencent individuellement le niveau et la production d'acides organiques pendant la fermentation ont été identifiés par le passé. Les souches de levures et de bactéries (sauvages ou inoculées), la température de fermentation, les niveaux de sucre initiaux et le pH ont été identifiés comme des facteurs importants pouvant avoir un impact sur l'équilibre acide des vins produits (Tita *et al.*, 2006). Il est important de noter que la plupart de ces facteurs peuvent être gérés, du moins en partie, par les vinificateurs pendant la fermentation. Une meilleure compréhension de leur(s) rôle(s) et des effets synergiques entre ces facteurs peut donc fournir de meilleurs outils pour la gestion de la fermentation et de l'acidité des vins (Lafon-Lafourcade., 1983 ; Lambrechts et Pretorius., 2000 ; Agarwal *et al.*, 2007 ; Kamzolova *et al.*, 2009). La présente étude s'intéressera toutefois aux préoccupations des vinificateurs concernant l'acidité dans la Méthode cap classique.

Chapitre 3

3. Matériaux et méthodes

3.1 Vinification et fabrication de MCC

Les cultivars de Chardonnay et de Pinot Noir ont été collectés à Elgin et Robertson. Pour chaque producteur et chaque cultivar, les raisins ont été divisés en quatre groupes de température (en trois exemplaires) et stockés dans des chambres froides à température spécifique à 0, 10, 25 et 30°C, respectivement, jusqu'à ce que tous les raisins atteignent la température de consigne. Des sondes de température ont été insérées dans les grappes de raisin pour déterminer si les raisins atteignent et maintiennent la température de consigne.

Les raisins ont été légèrement pressés (1 bar) dans trois fûts séparés de 90 L et inoculés avec la levure *S. cerevisiae IOC182007* à 14°C jusqu'à ce qu'ils fermentent à sec (un total de 48 vins de base). Après la première fermentation, les vins ont été soutirés, assemblés (ratio 50/50) et stockés différemment à 0, 10, 25 et 30°C. Les assemblages ont été sucrés à 24 g/L avec du saccharose (sucre de canne), inoculés avec une liqueur de tirage à 4 % de la même levure et mis en bouteille pendant 9 mois afin de permettre à la seconde fermentation de se produire. Les vins ont ensuite été dégorgés et rebouchés.

3.2 Échantillonnage

Les échantillons ont été collectés comme illustré dans la figure 1 ci-dessous. La stratégie d'échantillonnage des étapes visait à donner une représentation uniforme des profils d'acides organiques de l'ensemble du processus de vinification du MCC. Cependant, les échantillons prélevés après 8 semaines de post-tirage n'ont pas été pris en compte dans l'étude actuelle.

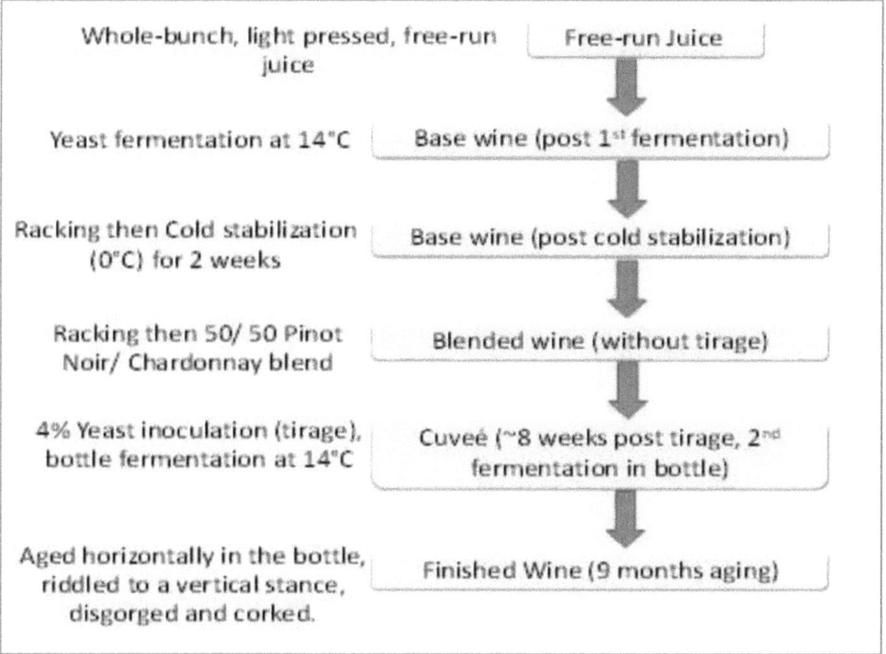

Figure 1 : Représentation schématique du protocole de vinification du MCC, le volet de droite montrant les étapes allant du jus aux échantillons de vin fini qui ont été utilisés pour l'analyse des acides organiques.

3.3 Robot enzymatique

Les surnageants de culture ont été filtrés sur des membranes en nylon de 0,45uM et analysés par un robot enzymatique (*Arena 20XT ; Thermo Electron, Finlande*) en utilisant le kit d'acide pyruvique Megazyme (*Megazyme International Ireland*) pour la quantification de l'acide pyruvique. En outre, le kit d'acide citrique, malique et tartrique (*Megazyme International Ireland*) a été utilisé pour la quantification de ces acides. La consommation de NADH a été mesurée par la diminution de l'absorbance à 340nm (Chidi *et al.*, 2016).

3.4 Analyse en composantes principales (ACP)

3.4.1 Analyse des données

Les tendances au sein de divers ensembles de données ont été étudiées par l'analyse des composantes principales (PCA ; Latentix 2.0, BRANDON GRAY INTERNET SERVICES, INC. DBA). En traçant les composantes principales, il est possible d'analyser les relations statistiques reliant différentes variables dans des ensembles de données complexes, d'identifier et de déduire les regroupements d'échantillons, les similitudes ou les différences, ainsi que les associations entre les différentes variables (Mardia *et al.*, 1979). Les données de l'ACP ont été transformées en utilisant la méthode auto

et les modèles PCA ont été calculés. Sur la base de la

plan expérimental, les échantillons représentent différentes fermentations (trois réplicats indépendants pour chaque traitement) à différents stades de la fabrication du MCC. Les tendances et les variables prises en compte aux différents points d'échantillonnage résultent des changements des niveaux d'acide organique (acide citrique, malique, tartrique et pyruvique) des vins (Chardonnay et Pinot noir) collectés dans les fermes Robertson et Elgin.

Chapitre 4

4. Résultats

4.1   Paramètres œnologiques

4.1.1 L'impact de la température de stockage du raisin sur l'acidité titrable (AT) finale du jus de raisin et des vins

La figure 2 montre la TA (g/L) du jus testé, du vin de base et celle des mélanges (CH et PN) produits à partir de Robertson et Elgin. L'impact de la température de stockage du raisin sur la TA finale du jus de raisin, du vin de base et des mélanges (rapport 50:50) a été étudié. La température initiale des raisins a varié à 0, 10, 25 et 30°C pour les deux cultivars et a été évaluée avant et après la stabilisation au froid. Cependant, on a constaté de légères variations de l'acidité titrable des vins produits à partir de Robertson et de Pinot noir (**A** et **B**). Dans les deux cas, une légère augmentation de l'AT des vins de Pinot noir a été observée à une température plus élevée (25 °C) par rapport à une température plus basse (10 °C) (**A**). De plus, il n'y a pas eu de changements majeurs dans l'AT des vins de mélange à 0, 2 et 9 mois de fermentation secondaire. Cependant, une légère diminution de l'acidité titrable a été notée après 9 mois de fermentation secondaire pour les deux producteurs (**C** et **D**).

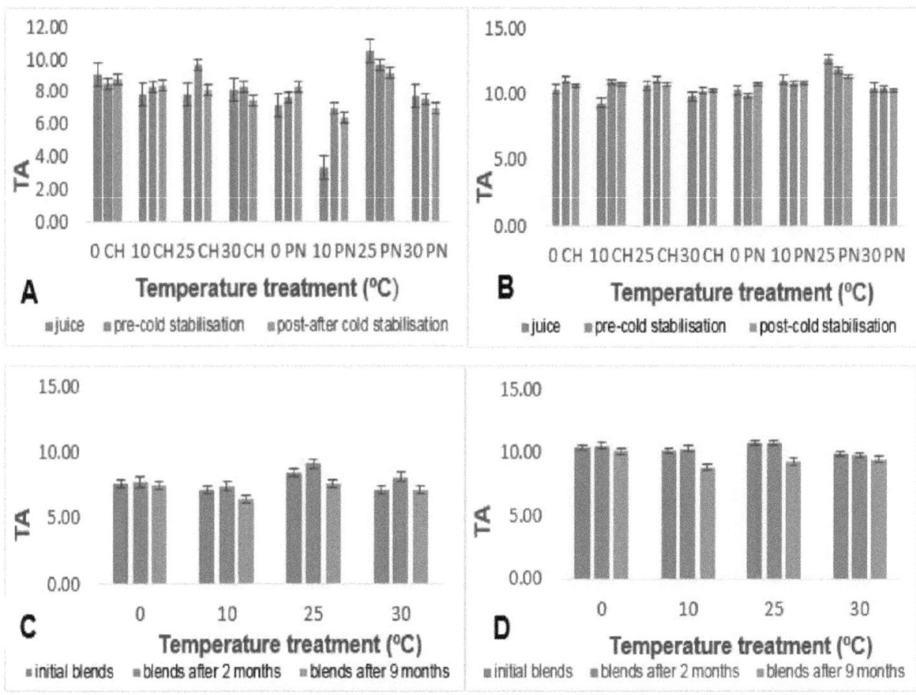

Figure 2 : L'impact de la température de stockage du raisin sur la TA finale (g/L) du jus de raisin et des vins de base (avant et après stabilisation au froid) des fermes Robertson (cadre A) et Elgin (cadre B) ainsi que des vins de mélange (CH) et (PN) produits par Robertson (cadre C) et Elgin (cadre D). Les résultats sont la moyenne de 3 répétitions biologiques ± les écarts types.

4.1.2 L'impact de la température de stockage du raisin sur le pH final du jus de raisin et des vins

La figure 3 montre le pH du jus testé, du vin de base et celui des mélanges

(CH et PN) produits à partir de Robertson et Elgin. L'impact de la température de stockage du raisin sur le pH final du jus de raisin, du vin de base et des mélanges (rapport 50:50) a été étudié. Toutes les analyses de pH des deux cultivars ont été évaluées avant et après la stabilisation au froid. Il n'y a pas eu de changements majeurs dans le pH du jus et des vins de base (avant et après la stabilisation au froid). Cependant, il semble y avoir une légère augmentation du pH pour les vins Robertson qui ont été analysés après la stabilisation au froid à des températures variables (**A**). Par ailleurs, nous avons également observé un pH initial beaucoup plus élevé pour les jus de Pinot noir à plus basse température (10°C). Indépendamment du traitement de la température de stockage du raisin, des tendances similaires ont également été observées pour les vins d'Elgin, où une légère augmentation du pH a également été observée dans les vins qui ont été analysés après stabilisation au froid (**B**). En outre, le pH des produits de fermentation mélangés a également été analysé à 0, 2 et 9 mois de fermentation secondaire. Il n'y avait pas de différences majeures dans le pH final des mélanges Robertson à 0, 2 et 9 mois de fermentation secondaire dans ces conditions de température spécifiées (**C**). Cependant, la figure **3D** montre un pH significativement plus faible des vins de mélange par rapport à ceux analysés après 2 et 9 mois de fermentation secondaire, indépendamment de la variation de la température de stockage du raisin.

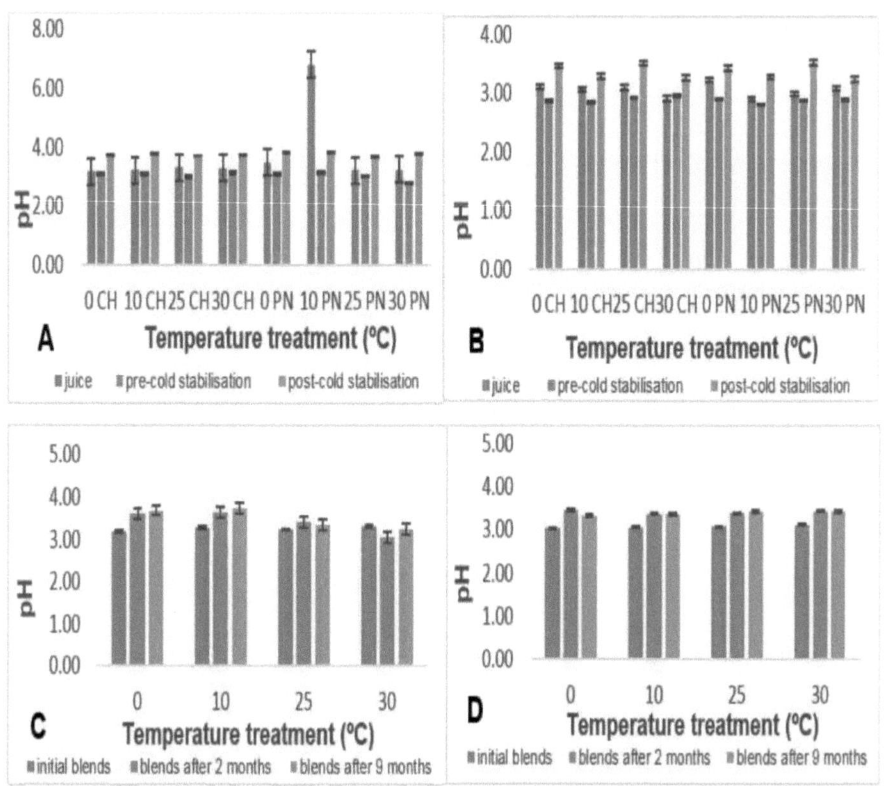

Figure 3 : L'impact de la température de stockage du raisin sur le pH final du jus de raisin et des vins de base (avant et après stabilisation à froid) à partir de Robertson (cadre A) et Elgin (cadre B) ainsi que les vins de mélange (CH et PN) produits par les exploitations Robertson (cadre C) et Elgin (cadre D). Les résultats sont la moyenne de 3 répétitions biologiques ± les écarts types.

4.1.3 L'effet de la température de stockage du raisin sur l'acidité volatile (AV) finale des vins MCC

La figure 4 montre les tendances de l'acidité volatile des vins de base (CH et PN) produits à partir de Robertson (**A**) et d'Elgin (**B**) avant et après la stabilisation au froid. Ici, il semble y avoir une augmentation significative de l'acidité volatile pour les vins qui ont été analysés après stabilisation au froid à des traitements de température variables (**A** et **B**). En outre, les VA des assemblages à 0, 2 et 9 mois de fermentation secondaire ont également été évalués pour les vins de Robertson (**C**) et d'Elgin (**D**). De même, des niveaux de VA plus élevés ont été observés à une température plus élevée (25 °C) par rapport aux températures plus basses.

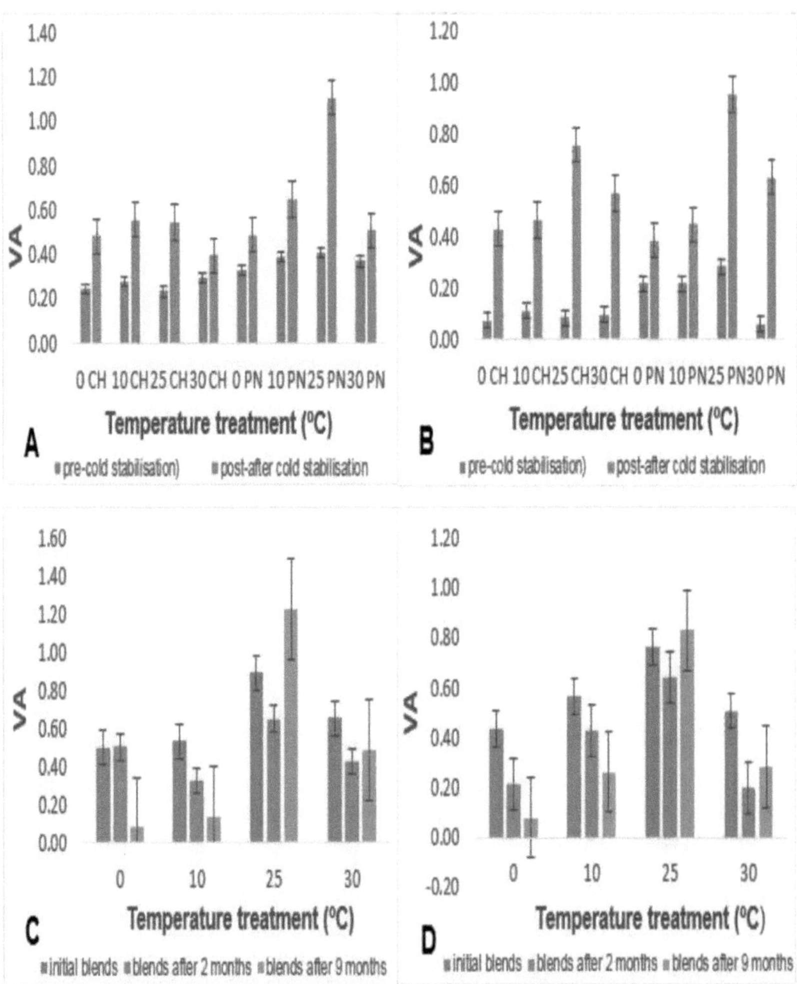

Figure 4 : L'impact de la température de stockage du raisin sur la VA finale (g/L) des vins de base (avant et après stabilisation au froid) produits à partir de

Robertson (cadre A) et Elgin (cadre B) ainsi que les vins de mélange (CH et PN) produits par les exploitations Robertson (cadre C) et Elgin (cadre D). Les résultats sont la moyenne de 3 répétitions biologiques ± les écarts types.

4.1.4 L'impact de la température de stockage du raisin sur le degré d'alcool des vins de base et des vins de coupage Méthode cap classique

La figure 5 montre les taux d'alcool (%v/v) des vins de chardonnay et de pinot noir produits par Robertson (**A**) et Elgin (**B**). Ici, la fermentation du pinot noir à 25 °C a présenté des niveaux d'alcool significativement plus bas pour les deux producteurs (**A** et **B**). Comme prévu, nous avons également noté une augmentation significative de l'alcool après le post-tirage pour tous les différents traitements, tant pour Robertson (**C**) que pour Elgin (**D**). Cependant, les fermentations à 25 °C présentaient toujours des niveaux d'alcool beaucoup plus faibles pour tous les mélanges (**C et D**).

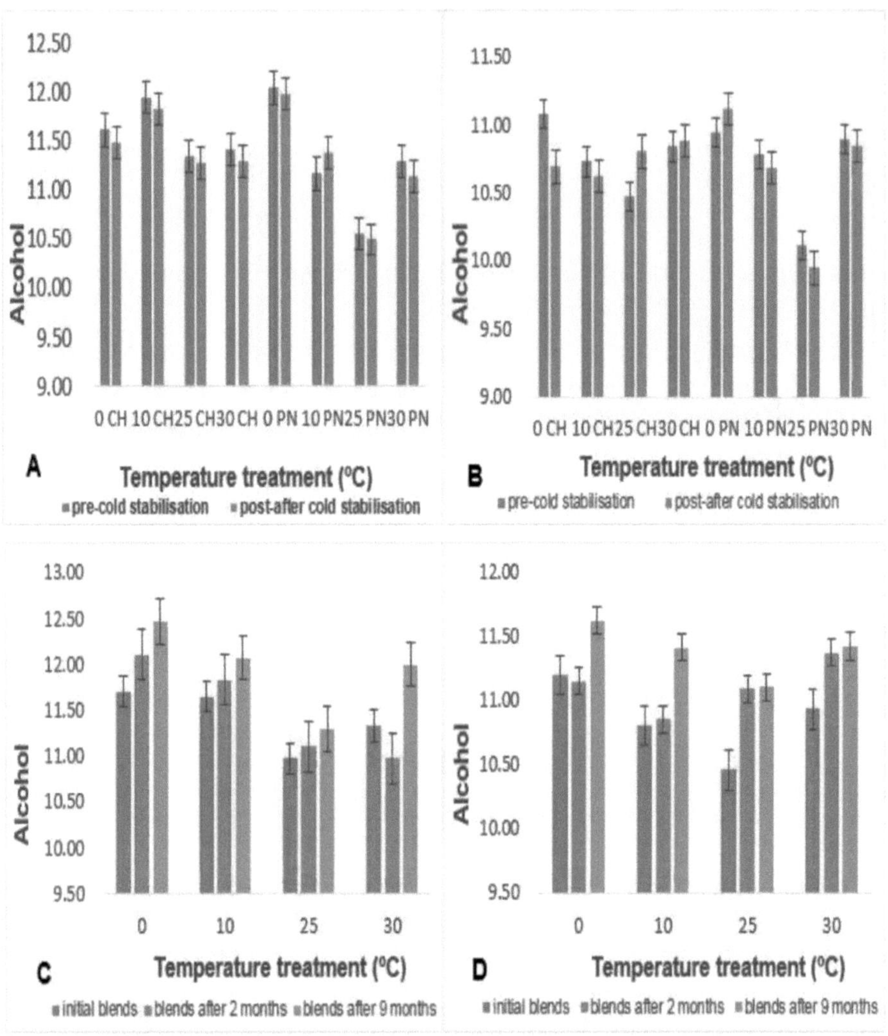

Figure 5 : L'impact de la température de stockage du raisin sur le taux d'alcool final (%v/v) des vins de base (avant et après stabilisation au froid) des exploitations Robertson (cadre A) et Elgin (cadre B) ainsi que de l'assemblage. Vins de Chardonnay (CH) et de Pinot noir (PN) produits à Robertson (cadre C) et à Elgin (cadre D). Les résultats sont la moyenne de 3 répétitions biologiques ± les écarts types.

4.2 Profils d'acides organiques du MCC

4.2.1 L'influence de la température de stockage du raisin sur les profils d'acide organique des vins de chardonnay produits à partir de Robertson et d'Elgin

La figure **6A** montre l'analyse en composantes principales qui a été générée pour illustrer l'influence de la température de stockage du raisin sur les tendances de l'acide organique pour les vins de base chardonnay produits à partir de Robertson et Elgin. Comme l'illustre la figure **6A**, un regroupement des échantillons a été observé, ce qui constitue une bonne indication de la reproductibilité et de la répétabilité des échantillons. L'ACP de la figure **6A** représente 92,31 % de la variance totale. La séparation le long de la première composante principale était dominée par le vin de base Elgin (température plus basse). Ces regroupements étaient principalement associés à la consommation/production d'acide tartrique et malique. En outre, la deuxième composante principale était dominée par les vins Robertson chardonnay (température élevée) qui présentaient plus de caractéristiques d'acide citrique.

De plus, la figure **6B** ne montre que les principaux facteurs de la consommation/production d'acide organique pour les vins de base de Pinot noir également produits à Robertson et Elgin. L'ACP compte pour 98,41 % de la variance totale et les regroupements ont également été mis en évidence. Contrairement aux observations faites pour les vins de Chardonnay (figure **6A**). Ici, la séparation le long de la première composante principale a montré une relation entre le pinot noir (température plus basse) et la consommation/production d'acide malique, mais une analyse de séparation plus poussée a montré une relation non significative entre les autres acides et les traitements de température.

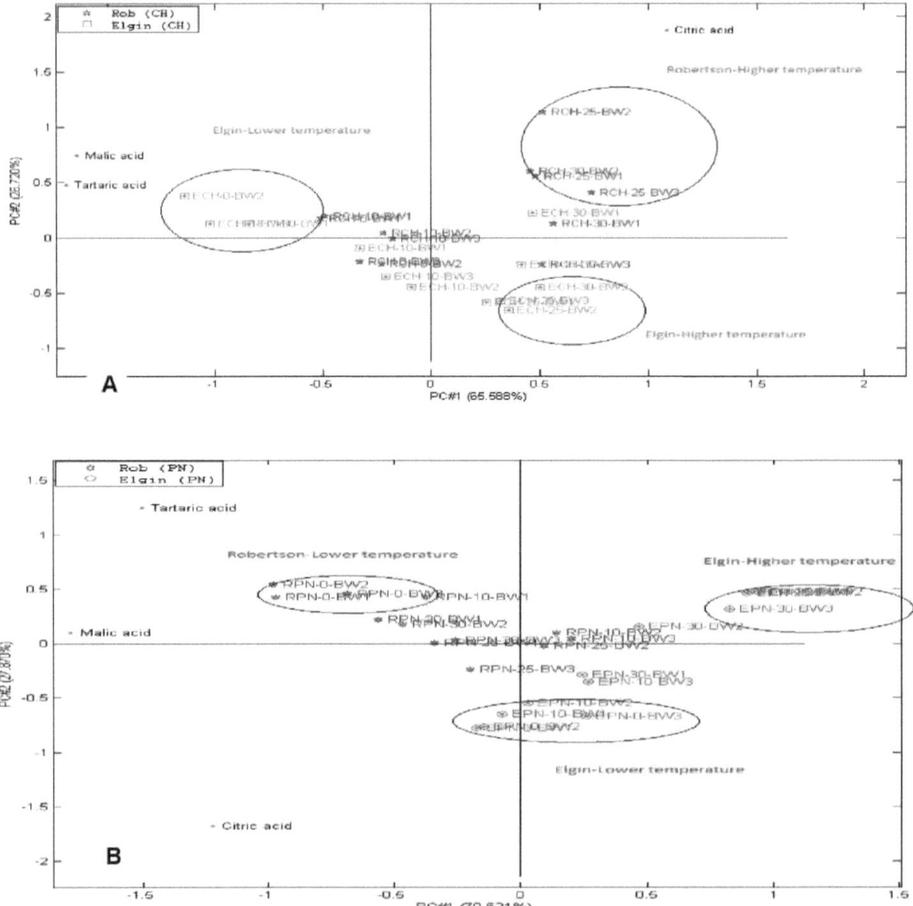

Figure 6 : Le bi-tableau de l'ACP montrant l'impact de la température de stockage du raisin et des différents producteurs (Robertson et Elgin) sur les profils d'acide organique des vins de base de Chardonnay (**A**) et de Pinot noir (**B**) (les fermentations ont été effectuées en triplicata).

4.2.2 Influence de la température de stockage du raisin sur les profils d'acide organique des vins de chardonnay et de pinot noir produits à Robertson et à Elgin

Comme prévu, une nette séparation des échantillons a été observée entre les vins de Chardonnay et de Pinot noir produits par les fermes Robertson et Elgin (voir figure **7A** et **B**). Dans les deux cas, un regroupement des échantillons a également été observé comme conséquence des traitements de température. L'ACP de la figure **7A** représente 93,22 % de la variance totale où les vins de chardonnay Robertson à température plus élevée ont montré un regroupement similaire vers l'acide citrique le long de la première composante principale. De plus, les acides tartrique et malique ont montré un regroupement avec les vins Robertson Pinot noir à plus basse température.

La figure **7B**, quant à elle, représentait 97,10 % de la variance totale. Ici, les échantillons d'Elgin à plus basse température ont été principalement attribués aux niveaux d'acide citrique des vins de chardonnay. Cependant, les vins de Pinot noir présentaient moins de caractère pour les autres acides.

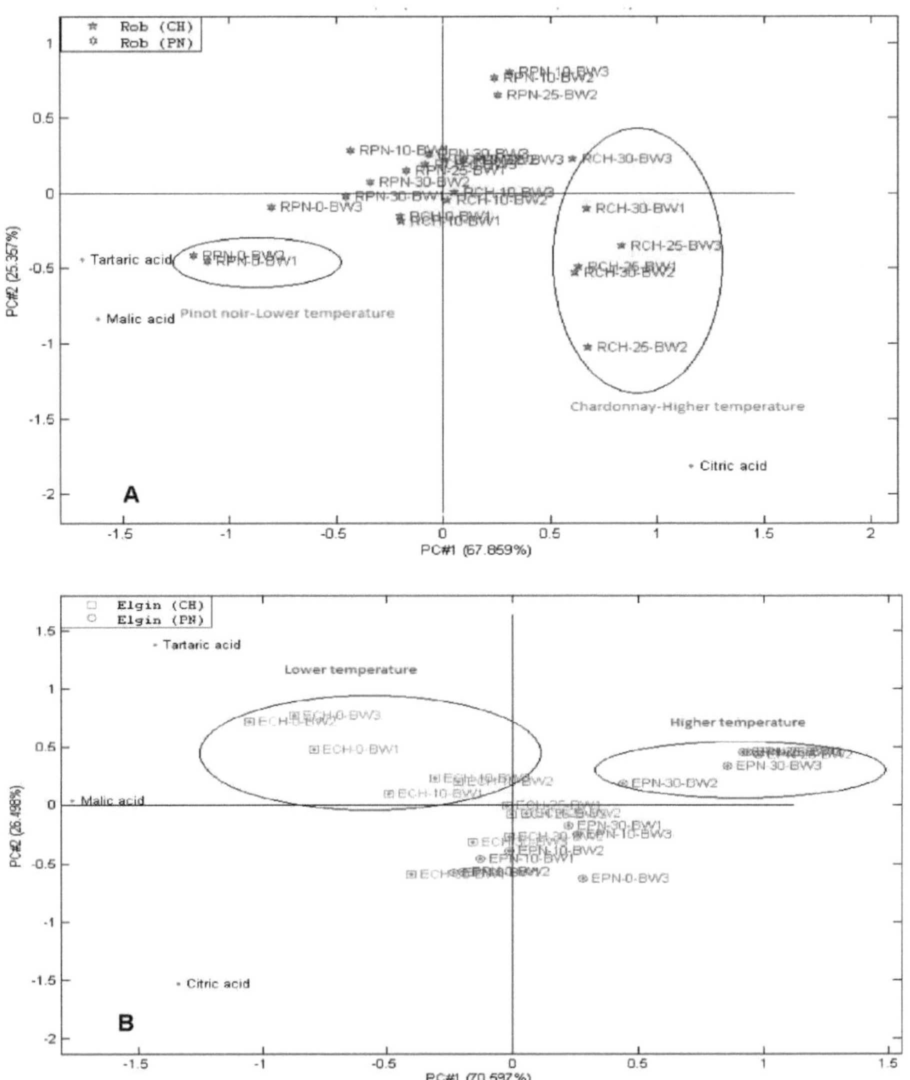

Figure 7 : Le bi-tableau PCA montrant l'impact de la température de stockage du raisin sur les profils d'acide organique des vins de base (CH vs PN) de Robertson (**A**) et des vins de base (CH vs PN) d'Elgin (**B**).

4.2.3 L'influence de la température de stockage des raisins sur les profils d'acide organique des raisins mélangés et post-tirage

vins produits à partir de Robertson et Elgin

La figure 8 montre l'ACP qui a été utilisée pour explorer l'influence de la température du raisin sur les tendances de l'acide organique des vins de mélange et de post-tirage. Pour mettre en évidence les regroupements d'échantillons, l'ACP montre les regroupements d'échantillons entre les mélanges et le posttirage pour Robertson (figure **8A**) et Elgin (figure **8B**). Dans les deux cas, les traitements à basse température ont été les principaux moteurs de la consommation et/ou de la production d'acide malique.

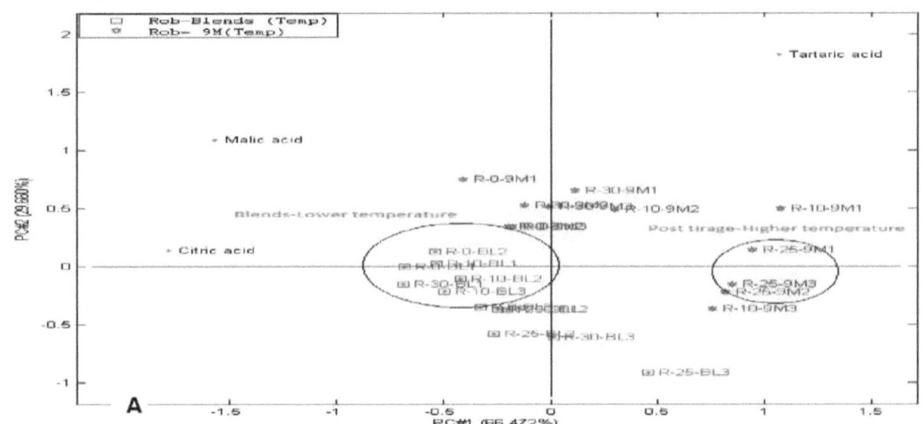

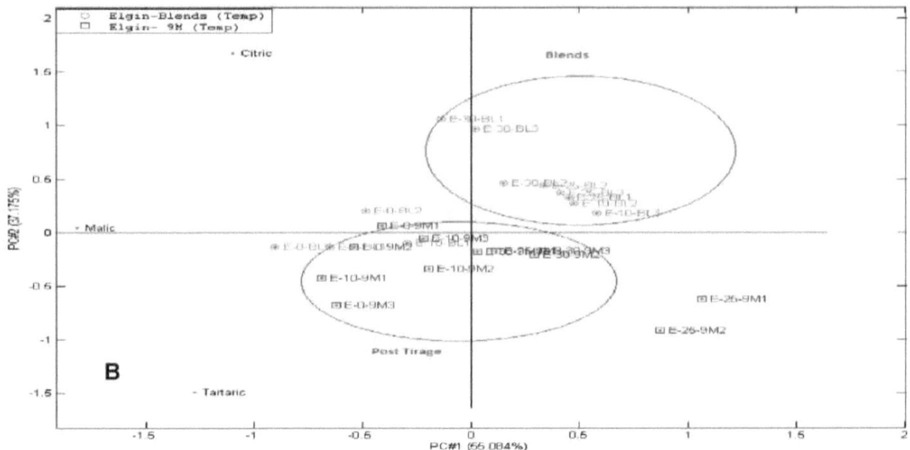

Figure 8 : L'influence de la température de stockage du raisin sur les profils d'acide organique des mélanges et des vins post-tirage (9 mois) produits à partir de Robertson (**A**) et d'Elgin (**B**).

4.2.4 L'impact de la température de stockage du raisin sur l'acide pyruvique du vin de base testé, des mélanges et des vins de post-tirage de Robertson et d'Elgin.

La figure 9 montre l'influence de la température de stockage du raisin (0, 10, 25 et 30°C) sur la production d'acide pyruvique des vins de base, des vins de mélange et des vins de post-tirage produits à partir de Robertson et d'Elgin. Comme prévu, les niveaux d'acide pyruvique n'ont pas été détectés dans les vins de base et les mélanges. Cependant, la production d'acide pyruvique a eu lieu pendant la fermentation secondaire chez les deux producteurs.

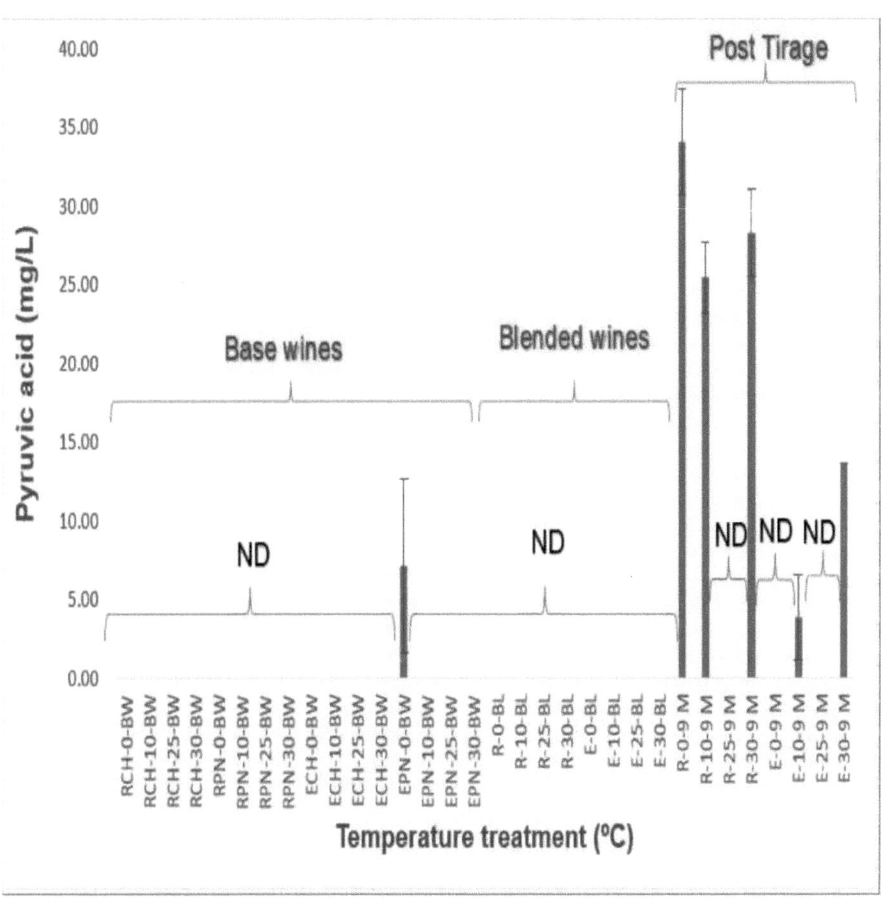

Figure 9 : L'influence de la température de stockage du raisin sur la production d'acide pyruvique à tous les stades du MCC produit à partir de Robertson et Elgin. Les résultats sont la moyenne de 3 répétitions biologiques ± les écarts types.

Chapitre 5

5. Discussion

5.1 L'influence de la température de stockage du raisin sur les profils d'acides organiques des vins Méthode cap classique

Il est évident que la stabilisation au froid a augmenté de manière significative les niveaux de certains paramètres œnologiques tels que l'acidité volatile et l'alcool. Cependant, aucun rapport actuel n'explique le mécanisme de ce phénomène. Dans la plupart des cas, les acides organiques du vin proviennent soit directement du raisin, soit sont le résultat d'activités microbiologiques qui ont lieu avant, pendant ou après la fermentation alcoolique et malolactique. Alors que l'acidité du vin est le plus souvent mesurée par l'acidité totale (AT) et le pH, certains acides organiques sont des marqueurs importants pour la gestion de la fermentation, la saveur et l'arôme du vin (Apichai *et al.*, 2007 ; Tita *et al.*, 2006).

Il a été démontré que des températures de stockage du raisin plus élevées (25° C) étaient responsables de l'acidité volatile élevée de certains vins de Pinot noir. Il est toutefois pragmatique de ne pas recommander une température de stockage plus élevée, car cela peut entraîner un goût de vinaigre indésirable (Luo *et* al., 2013). En outre, il a été démontré que des conditions de stockage du raisin plus basses réduisaient remarquablement l'acidité titrable et l'acidité volatile des vins testés dans cette étude. Bien que l'étude actuelle vise à comprendre l'influence de la température de stockage du raisin sur les propriétés organoleptiques des vins à différents stades de production, il était en effet important de comprendre comment les paramètres œnologiques sont également affectés, comme dans cette étude.

L'étude actuelle a également souligné l'importance de la température de stockage du raisin sur la production d'alcool. Dans ce cas, l'étude recommande avec prudence des températures de stockage du raisin plus élevées, car on a constaté qu'elles réduisaient considérablement les niveaux d'alcool des vins (moins de 10 %v/v). Par ailleurs, la fermentation secondaire a été la principale responsable de l'augmentation de l'alcool et du pH. Cette observation n'est pas surprenante puisque l'acidification et la formation d'alcool sont également des produits de la fermentation secondaire (Torresi *et al.*, 2011 ; Ilaria *et al.*, 2016). Des études antérieures ont également montré que lorsque le pH du vin de base augmente, l'AT diminue au cours du processus de fermentation malolactique (Mato *et* al., 2005 ; Shiraishi *et al.*, 2010).

En général, la température de stockage du raisin n'a pas affecté négativement le pH final des vins (~3) sous tous les traitements de température. Il s'agit d'une observation positive puisque les variations de pH peuvent également favoriser la croissance de certaines bactéries indésirables pendant la fermentation

(Ilaria *et al.*, 2016 ; de Orduna., 2010).

5.2   Acides organiques dans Méthode cap classiques

5.2.1 Acide tartrique

La concentration d'acide tartrique dans les raisins dépend largement du cépage et de la composition du sol du vignoble. Les niveaux se situent généralement entre 4,5 et 10 g/L à la fin de la phase de croissance végétative du raisin (Ribereau-Gayon et al., 2006). Dans les climats froids, des concentrations supérieures à 6 g/L sont couramment atteintes, tandis que de faibles niveaux de 2 à 4 g/L sont plus souvent observés dans les climats chauds (Apichai et al., 2007). En raison de sa stabilité et du fait que les levures et autres micro-organismes sont incapables de métaboliser l'acide tartrique, c'est l'acide le plus couramment utilisé pour ajuster le pH dans l'industrie du vin (Volschenk et al., 2006). L'étude actuelle a montré des niveaux d'acide tartrique significativement plus élevés lorsque la température initiale de stockage du raisin était basse pour les vins Elgin chardonnay. Une température d'entreposage du raisin plus basse était également responsable des niveaux d'acide tartrique légèrement plus élevés des vins de base Robertson Pinot noir. Certains autres traitements ont présenté des niveaux d'acide tartrique légèrement inférieurs pendant le processus de fermentation. Ces observations étaient surprenantes puisque, bien que la précipitation soit une cause principale de la réduction de l'acide tartrique dans certains jeunes vins embouteillés, nous n'avons observé aucun précipité dans aucun des vins selon une inspection visuelle. Il n'y a pas non plus de preuve que les souches de levure de *Saccharomyces* puissent transporter ou dégrader efficacement l'un de ces acides.

5.2.2 Acide malique

L'acide malique est contrôlé pour mesurer la progression de la fermentation malolactique. Les raisins matures contiennent entre 2 et 6,5 g/L d'acide L-malique (Ribereau-Gayon *et al.*, 2000). Des quantités excessives d'acide malique (15 à 16 g/L) peuvent être présentes dans les raisins récoltés dans des régions au climat exceptionnellement frais (Gallander., 1977). La plus forte concentration d'acide malique atteinte varie selon le cépage, certains, comme le Barbera, le Carignan et le Sylvaner, étant naturellement enclins à des niveaux d'acide malique plus élevés. Dans cette étude, une température de stockage du raisin plus basse était également responsable des niveaux d'acide malique légèrement plus élevés des vins de base Robertson Pinot noir. De plus, la relation entre une température de conservation du raisin plus basse et l'acide malique a été établie pour les vins de base de Chardonnay et de Pinot noir (figure 6A). Là encore, les traitements à basse température ont été les principaux moteurs de la consommation et/ou de la production d'acide malique pour les vins de mélange et le post-tirage. Il est connu que, lorsque les niveaux d'acide malique sont trop élevés, les vins peuvent avoir un goût aigre et peuvent nécessiter l'utilisation de bactéries lactiques pour convertir l'acide malique en acide lactique, moins agressif et plus doux.

(Bartowsky et Henschke, 2004). La gestion de la température de stockage des raisins peut être un autre outil alternatif pour ajuster la teneur en acide malique des vins.

5.2.3 Acide citrique

L'acide citrique est un intermédiaire du cycle TCA et est très répandu dans la nature (par exemple, dans les citrons). Alors que l'acide citrique et l'acide malique dépendent principalement des réactions du cycle TCA, il joue un rôle essentiel dans les processus biochimiques des cellules de la baie de raisin, des bactéries et des levures. Il a également été signalé que des niveaux élevés d'acide citrique pendant la fermentation pouvaient entraîner un ralentissement du taux de croissance des levures (Nielsen et Arneborg, 2007). Des niveaux d'acide citrique plus élevés ont également été observés dans les vins Robertson Chardonnay qui ont été initialement stockés à des conditions de température plus élevées. Au contraire, les traitements à basse température du raisin d'Elgin ont été principalement attribués à des niveaux d'acide citrique plus élevés des vins de Chardonnay. La température de stockage du raisin a été considérée comme un autre facteur important qui peut influencer les niveaux d'acide citrique, l'acidité et la saveur des vins en favorisant la perception de la " fraîcheur ", tout en favorisant l'instabilité microbienne et la croissance de microorganismes indésirables.

5.2.4 Acide pyruvique

Comme prévu, les niveaux d'acide pyruvique n'ont pas été détectés dans les vins de base et les mélanges. Cependant, la production d'acide pyruvique a eu lieu pendant la fermentation secondaire chez les deux producteurs. Comme indiqué précédemment, l'acide pyruvique est généralement présent dans le vin en tant que produit secondaire de la fermentation alcoolique et la quantité d'acide pyruvique dans le vin varie considérablement. En termes d'attributs sensoriels, cet acide confère un goût légèrement acide et il se forme au début de la fermentation et diminue vers la fin de la fermentation (Usseglio, 1995). L'étude actuelle concorde avec les résultats précédents, selon lesquels cet acide est produit au début de la fermentation et lentement réabsorbé au cours de la fermentation (Ribéreau *et al.*, 2006). De plus, l'étude actuelle a permis d'établir la relation entre la fermentation secondaire et les niveaux d'acide pyruvique des vins Cap classique.

Conclusion

L'effet de la température de stockage du raisin sur la production d'acide organique a été évalué à l'aide d'un plan mono-factoriel pour différents cultivars issus de Robertson et d'Elgin. Les données présentées ici illustrent clairement l'importance de la température de stockage du raisin sur les niveaux d'acide MCC. Ces facteurs se sont avérés jouer un rôle critique en termes d'impact sur les acides dérivés du raisin et de la fermentation. L'étude actuelle nous a également permis d'évaluer l'impact des conditions environnementales à plusieurs étapes de la production du MCC pour 2 régions climatiques différentes. Bien que de nombreux autres facteurs connus et inconnus (en dehors des levures et des facteurs environnementaux) puissent avoir un impact significatif sur les niveaux d'acides organiques des vins, nos données ont clairement mis en évidence l'importance de la température de stockage du raisin, de la stabilisation au froid et de la fermentation secondaire sur les tendances/profils des acides organiques de la Méthode cap classique. À notre connaissance, il s'agit du premier rapport mettant en évidence la relation entre les niveaux d'acide organique pendant la fermentation alcoolique dans des conditions variables de MCC. L'étude présente des possibilités de mieux contrôler et gérer la teneur en acide organique sans avoir recours aux méthodes traditionnelles et à forte intensité de main-d'œuvre pour la gestion des acides. De plus, à partir des données présentées ici, il est clair que d'autres paramètres non évalués, tels que les différences entre les cultivars, sont également des facteurs importants de l'acidité du vin.

Références

Agarwal, L., Isar, J., Meghwanshi, G.K. et Saxena, R.K. (2007). Influence des facteurs environnementaux et nutritionnels sur la production d'acide succinique et les enzymes du cycle inverse de l'acide tricarboxylique d'*Enterococcusflavescens*. *Enzyme. Microb. Technol.* **40**(4) : 629-636.

Apichai, S., Pattana, T., Rodjana, B. et Supalax S. (2007). Electrophorèse de zone capillaire des acides organiques dans les boissons. LWT. *Food. Sci. Technol.* **40** : 1741-1746.

Bartowsky, E.J, et Henschke, P.A. (2004). The 'buttery' attribute of wine-diacetyl desirability, spoilage and beyond. *Int. J. Food Microbiol.* **96** : 235252.

Bisson, L.F. et Walker, G.A. (2015). La dynamique microbienne de la fermentation du vin. In : W. Holzapfel (ed), Advances in Fermented Foods and Beverages, Elsevier (Amsterdam) : 435 - 476.

Boulton, R.B., Singleton, V.L., Bisson, L.F. & Kunkee, R.E. (1996). Principes et pratiques de la vinification. Chapman and Hall, *New York*. pp. 102-181 ; 352-378.

Chidi, B.S. (2016). Le métabolisme des acides organiques chez *Saccharomyces cerevisiae* : Régulation génétique et métabolique. Thèse de doctorat, Stellenbosch : Université de Stellenbosch.

Darias-Martin, J.J., Oscar, R., Diaz, E. et Lamuela-Raventos, R.M. (2000). Effet du contact avec la peau sur les composés phénoliques antioxydants du vin blanc.
Food Chem. **71** : 483-487.

Defilippi, B.G., Manriquez, D., Luengwilai, K. et GonzalezAgüero, M. (2009). Aroma volatiles : biosynthèse et mécanismes de modulation au cours de la maturation des fruits.
Adv. Exp. Med. Biol. **50** : 1-37.

De Orduna, R.M. (2010), Climate change associated effects on grape and la qualité et la production du vin. *Food. Res. Int.***43** : 1844-1855

Fernie, A.R., Carrari, F. et Sweetlove, L.J. (2004). Le métabolisme respiratoire : la glycolyse, le cycle TCA et le transport d'électrons mitochondrial. *Curr. Opin. Plant.*
Biol. **7**(3) : 254-261.

Gallander, J.F. (1977). Désacidification des vins de table orientaux avec *Schizosaccharomycespombe*. *Am. J. Enol. Vitic.* **28** : 65-68.

llaria Benucci, I Katia Liburdi, Martina Cerreti et Marco Esti. (2016). Caractérisation de la levure de vin sec active pendant la préparation de la culture de départ (Pied de Cuve) pour la production de vin mousseux. *J. Food Sci* **81**(8) : 2015-2020

Kamzolova, S.V., Yusupova, A.I., Dedyukhina, E.G., Chistyakova, T.I., Kozyreva, T.M. et Morgunov, I.G. (2009). Synthèse de l'acide succinique par les levures. *Food. Technol. Biotechnol.* **47** (2) : 144-152.

Kornberg, H.L. et Madsen N.B. (1958) Le métabolisme des composés C2 dans les micro-organismes. Synthèse du malate à partir de l'acétate via le cycle du glyoxylate. *Biochem. J.* **68** *:* 549-557.

Lafon-Lafourcade, S. (1983). Le vin et le brandy. Dans : Rehm, H.J., Reed, G., (Eds.), Food and feed production with microorganisms. *Biotechnol.* **5** *:* 81- 163.

Lambrechts, M.G. et Pretorius, I.S. (2000) .Yeast and its importance in wine aroma-A review. *S. Afr. J. Enol. Vitic.* **21** : 97-129.

Luo, Z., Walkey, C.J., Madilao, L.L., Measday, V et Van Vuuren, H.J.J. (2013). Amélioration fonctionnelle de Saccharomyces cerevisiae pour réduire l'acidité volatile dans le vin. **13**:485-494

Mardia, K.V., Kent J.T. et Bibby J.H. (1979). Multivariate analysis. UK : Academic Press.

Martinez-Lapuente, L., Guadalupe, Z., Ayestaran, B., Ortega-Heras, M. et Perez-Magarino, S. (2013). Vins mousseux issus de variétés alternatives rouges et blanches. *Am. J. Enol. Vitic.* **64**(1) : 39-49.

Mato, I., Suarez-Luque, S. et Huidobro, J. F. (2005). A Review of the Analytical Methods to Determine Organic Acids in Grape Juices and Wines. *Food. Res. Int.* **38** : 1175-1188.

Nielsen, M.K. et Arneborg, N. (2007). The effect of citric acid and pH on growth and metabolism of anaerobic *Saccharomyces cerevisiae and Zygosaccharomyces bailii* cultures. *Food. Microbiol.* **24**(1) : 101105.

Ribereau-Gayon, P., Dubourdieu, D., Doneche, B, et Lonvaud, A. (2000). Handbook of Enology. Wiley & Sons, Ltd, Chichester, Angleterre.

Ribereau-Gayon, P., Glories, Y., Maujean, A. et Dubourdieu, D. (2006). La chimie du vin, la stabilisation et le traitement. Manuel d'oenologie. (2e éd.). John Wiley & sons, Ltd.

Shiraishi, M., Fujishima, H. et Chijiwa, H. (2010). Évaluation des ressources génétiques du raisin de table pour la composition en sucre, en acide organique et en acides aminés des baies. *Euphytica*. **174** : 1-13.

Tita, O., Bulancea, M., Pavelescu, D. et Martin, L. (2006). Le rôle des acides organiques dans l'évolution du vin. *CHISA 2006 -17th Int. Cong. Chem. Chem. Proc.* Praha. 27-31.

Torresi, S., Frangipane, M. et Anelli, G. (2011). Biotechnologies dans la production de vins mousseux. Des approches intéressantes pour l'amélioration de la qualité : A review. *Food Chemistry*, **129**(3) : 1232-1241.

Usseglio-Tomasset, L. (1995). Chimica Enologica. AEB, Brescia (4ème édition). 265-291.

Volschenk, H., van Vuuren H.J.J. et Viljoen-Bloom, M. (2006). L'acide malique dans le vin : Origine, fonction et métabolisme pendant la vinification.

S. Afr. J. Enol. Vitic. **27** : 2-17.

More
Books!

info@omniscriptum.com
www.omniscriptum.com
OMNIScriptum

Printed by Books on Demand GmbH, Norderstedt / Germany